景观建筑小品设计500例

桥·园灯·雕塑

言华　辛睿　编著

中国电力出版社
CHINA ELECTRIC POWER PRESS

内容提要

《景观建筑小品设计500例》包括《水景 · 园路铺装 · 景墙》《桥 · 园灯 · 雕塑》《公共设施 · 廊亭 · 花架》《细部设计》。本书以桥、园灯、雕塑为主要内容，书中精选汇集了大量作者于国内外拍摄的实景照片，所选图片细节性强，说明文字简明扼要，直接反映出设计的要点所在。本书可作为设计师或学生的资料图集类工具书，有助于开阔与提高读者的设计眼界，并开拓其创新思维。本书适合景观设计师、园林设计师、建筑师、相关专业的从业者，以及各大专院校相关专业学生借鉴与参考。

图书在版编目（CIP）数据

景观建筑小品设计500例. 桥·园灯·雕塑 /言华, 辛睿编著. —北京：中国电力出版社，2014.2
ISBN 978-7-5123-5340-4

Ⅰ. ①景… Ⅱ. ①言… ②辛… Ⅲ. ①景观设计－世界－图集 Ⅳ. ①TU986.2-64

中国版本图书馆CIP数据核字(2013)第297068号

中国电力出版社出版发行
北京市东城区北京站西街19号　100005　http://www.cepp.sgcc.com.cn
责任编辑：王　倩
责任印制：郭华清　　责任校对：太兴华
北京盛通股份有限公司印刷 · 各地新华书店经售
2014年2月第1版 · 第1次印刷
889mm × 1194mm 1/16 · 7.5 印张 · 256千字
定价：58.00元

目 录 contents

概 论 Introduction

景观建筑小品属于景观中小型艺术装饰品，包括水景、景墙、园灯、园椅、展览栏、雕塑、台阶、花格、电话亭、垃圾箱等小型点缀物及带有装饰性的园林细部处理。建筑小品在景观构图、游览以及服务等方面都起着积极的作用。园林建筑小品不论是依附于景物或是建筑，还是相对独立，其造型取意都需要与园林整体环境同步考虑，使其在园林环境中起到画龙点睛的作用。它既要满足使用功能的需要，又要满足景观造景的要求，与环境结合密切，与自然相融合。

本书以实用为主，力求用简单明了的方字、丰富生动的图片展示不同景观建筑小品的应用效果，内容包括水景、园路铺装、座椅、景墙指示标识、雕塑、廊、亭、花架、桥、花坛、树池、园灯、栏杆等。希望本书的出版，能对景观设计人员、景观教学工作者以及相关人员提供帮助与参考。

功 能

1. 满足使用功能的要求

景观建筑小品通常都有具体的使用功能。如园灯用于照明；园椅、园凳用于休息；展览栏及标牌用于提供游园信息；栏杆用于安全防护、分隔空间等。为了表达景观效果，景观建筑小品往往要进行艺术处理，并且符合其在技术上、尺度上和造型上的特殊要求。

2. 景观要求

1）点景，即点缀风景。景观建筑小品要与自然风景结合，成为园林景观的沟通中心或反映主题，具有“画龙点睛”的作用，如雕塑、景墙等。

2）引导游览路线。游览路线与园路的布局、铺装的图案以及指示牌的指引密不可分。

3）赏景，即观赏风景。以建筑小品作为观赏景观的场所中，一座单体建筑小品为静态观景的一个点，如花架、亭、亲水平台；而一组建筑小品往往成为景观全貌的一条观赏线，如廊、桥等。

特　点

1. 立　意

优秀的景观建筑小品，不仅要有一定的形式美，而且要有一定的文化内涵，要表达出一定的意境和情趣。一方面景观建筑小品在形式上要注意视觉效果；另一方面在立意上要强调文化内涵，两者必须结合。

2. 布　局

景观建筑小品在设计上要因地制宜，与自然环境、山石、水体和植物等相结合，与周围景物巧妙形成借景与对景的效果。

3. 造　型

建筑小品在园林景观中起点缀作用。其造型不仅要重视美观的要求，还应根据园林景观空间的不同，设计相应的体量要求和比例关系。比如一个大型公园内，入口处为喷水池，中心广场则是规模宏大的旱地喷泉，而在精致的庭园中则宜采用滴水和涌泉。

分　类

1. 提供休息的小品

包括各种造型的靠背园椅、园凳、园桌和遮阳的伞、罩等。在设计中，或结合环境，用自然块石或用混凝土做成仿石、仿树墩的凳、桌；或利用花坛、花台边缘的矮墙和地下通气孔道来做椅、凳等；或单独来做，使之成为空间中的亮点；或围绕大树基部设椅凳，既可休息，又能纳阴。

2. 装饰性小品

主要指以装饰功能为主的小品，包括各种固定的和可移动的花钵、花坛、装饰性的景墙、景窗等，在景观中起点缀作用。

3. 结合照明的小品

结合照明的小品主要为园灯。其基座、灯柱、灯头、灯具都有很强的装饰作用。草坪灯、地灯、园林道路照明灯等采用各种各样的造型。现在在园林中比较常见的是把灯柱设计成树的形态，复古式的园林灯应用别致的灯座和灯柱，在城市景观中的应用也比较多。

4. 展示性小品

展示性小品包括各种布告板、导游图板、指路标牌以及动物园、植物园和文物古建筑的说明牌、阅报栏、图片画廊等，这些都能对游人起到宣传、教育的作用。

5. 服务性小品

主要指为游人服务的饮水泉、洗手池、公用电话亭、时钟塔等；为保护园林设施的栏杆、格子垣、花坛绿地的边缘装饰等；为保持环境卫生的废物箱等。

6. 雕塑小品

雕塑小品的题材多样，形体可大可小，刻画的形象可自然可抽象，表达的主题可严肃可浪漫，通常根据景观造景的性质、环境和条件而定。

[桥]

景观设计中，桥是重要的景观建筑小品之一。桥能满足人们到达彼岸的心理期望，同时也是令人印象深刻的标志性建筑小品，并且常常成为审美的对象和文化遗产。桥本身就是园林景观中的一景，如亭桥或廊桥，它们也可以变换游人观景的视线角度。在园林景观中，桥主要起联系水面景点、引导游览路线、点缀水面景色和分隔或增加景层的作用，同时也可使水面与空间相互渗透，并有连接景区、引导游览路线和交通的功能。

分类

1）按建筑材料分主要有钢桥、石桥、木桥、钢筋混凝土桥等。

2）按建筑结构来分包括梁式与拱式、单跨与多跨，其中拱桥又有单曲与双曲拱桥。

3）按建筑形式分包括类似拱桥的点式桥（汀步）、贴近水面的平桥，起伏带孔的拱桥、曲折变化的曲桥，在古典园林中还可见到桥上架屋的亭桥与廊桥等。

特点

1）桥可以分割水面空间，增加水景层次，并能引导游人的游览路线，连接步道，增加亲水性。在我国古典园林中，十分注重“观桥”与桥上“观景”，以体现人与景观的和谐。在现代景观中，桥的特点更为多样。

2）桥的建筑材料丰富多样。中国传统的桥多以石块为结构材料。现代景观中的桥多使用木材、混凝土、钢材、天然石块等。不同材料有不同特色，如石桥凝重，钢桥轻盈冷峻，木桥纯朴温馨，水泥桥端庄等。

设计要点

1）在设计桥时，桥应与景观道路系统相配、方便交通，联系游览路线与观景点；设计时应注意水面的划分与水路通行，组织景区的分隔与联系。

2）桥的造型体量大小应与周围环境和水面大小协调。

3）桥与岸衔接处的设计是桥设计的重点，其常与山石、植物等搭配，既避免生硬，又可引导交通。

4）桥的设计应满足功能需求，包括既要满足通车、通船、人行等高度和坡度的需求等，也要满足人流集散与观景的需求，设计时可设置桥廊、桥头集散广场等。

5）在比较狭窄的水面上可用天然石块作为桥板，架于水面之上；在比较宽阔的水面上，为使游人在水面上有较长时间的游览，可将桥设计成曲折多变的曲桥；在水较深处，桥两边应设栏杆，以保安全；在浅水河滩、平静水池以及小溪涧、大小水面收腰处可设置汀步，散点成线借以代桥，满足游人的亲水性需要，但要注意的是汀步距离不宜过远。

2. 木桥

海上看崂山

小贴士：木栈道设计

木栈道也是水上跨越结构的一种形式。邻水木栈道为人们提供了行走、休息、观景和交流的多功能场所。由于木板材料具有一定的弹性和粗朴的质感，因此行走其上比行走于一般石铺砖砌的栈道更为舒适。多用于要求较高的公园及居住环境中。

木栈道由表面平铺的面板（或密集排列的木条）和木方架空层两部分组成。木面板常用桉木、柚木、冷杉木、松木等木材，其厚度要根据下部木架空层的支撑点间距确定，一般为 30 ~ 50 毫米，板宽一般为 100 ~ 200 毫米，板与板之间宜留出 3 ~ 5 毫米宽的缝隙。不应采用企口拼接方式。面板不应直接铺在地面上，下部要有至少 20 毫米的架空层，以避免雨水的浸泡，保持木材底部的干燥通风。设在水面上架空层的木方的断面选用要经计算确定。

木栈道所用的木料必须进行严格的防腐处理和干燥处理。为了保持木质的本色和增强其耐久性，材料在使用前应浸泡在透明的防腐液中 6 ~ 15 天，然后进行烘干或自然干燥，使含水量不大于 8%，以确保在长期使用中不变形。个别地区由于条件所限，也可采用涂刷桐油和防腐剂的方式进行防腐处理。

Fietsen worden
Verwijderd.
Op grond van
art. 8.1/10.6/
10.22 APV.

STAR FERRY
STAR FERRY

[园　灯]

园灯是景观环境中的重要景观建筑小品。它可作为园林景观的点缀，成为引人注目的小品，也可丰富景观空间的色彩，渲染和衬托景观氛围，所以它既具有照明功能，又可以装饰环境。园灯的设计应针对特定的环境和景物，如根据建筑、雕塑、喷泉的需要进行灯光设计，以丰富景观环境，烘托不同的环境氛围。

分类

1）按形式的不同分类

■ 地灯：通常设于园林、广场、街道地面的路灯，含而不露，为游人引路并营造出朦胧的环境氛围。

■ 草坪灯：高度低于人的视平线，大多为 900 毫米左右，主要用于照射草坪、地被植物和局部道路。它主要布置在花隅、草坪旁边等幽静之处。灯头设计可风格各异，也可与灯柱浑然一体。

■ 庭园灯：以造型优美、温文尔雅著称。庭园灯的设计体现了不同风格，其中以日式、中式和欧式为典型代表 。尤其是由日本石灯笼演化过来的庭园灯，能与山石、树木、屋宇配合，与自然谐调，将庭园之美发挥到极致。其设计着重于对文化内涵的表达，反映深厚的文化底蕴。

■ 壁灯：指安装在墙壁、建筑支柱及其他立面上的灯具。它既可作为主体照明，也可作为装饰或辅助照明。设计时要注重与周围环境的协调关系。

■ 路灯：路灯的灯头可用单头、双头或多头。设计时应注意灯柱及灯头的造型及比例。整齐排列的路灯常用于表现道路、广场的节奏和韵律，丰富园林的空间层次。

2）按类型分类，可分为单灯头园灯、双灯头园灯、三灯头园灯、多灯头园灯、草坪及水池旁低灯等。

3）按功能分类，可分为照明用灯（通常高度在 2 米以上）和装饰用灯（通常高度在 800 毫米以下）。

特点

1）既具有照明功能，又具有点缀装饰环境的功能。

2）可与喷泉等水体结合，营造出特殊的景观效果。

3）园灯可结合环境主题，设计成赋予寓意和情趣的景观小品。

设计要点

1）位置选择：照明用灯一般设在路边、广场上、建筑前、桥头、道路转弯处；装饰灯多用于广场、建筑物周围、园路两侧及交叉口、水景喷泉、草坪边缘、花坛旁、雕塑旁等处。

2）造型要求：一般主园路两侧采用较高的园灯照明，造型应简洁大方，与环境相谐调，高度在 3 米左右；次路可采用庭院灯，高度在 1 ~ 2 米之间；在大草坪、广场、入口等可设高杆发光效率高的直射光源的广场照明灯，高度在 4 ~ 8 米，灯柱的高度与灯柱间的水平距离应适合，一般常用的数值为灯柱高度：水平距离 =1/12 ~ 1/10。照明灯要注意灯的高度和灯间距。一般广场照明灯高 5 ~ 10 米，灯间距 35 ~ 40 米，园路照明灯高 4 ~ 6 米，灯间距 30 ~ 60 米。

3）环境与照明的要求：不同位置有不同的照明要求，出入口及广场等人流集散处，要有足够的照明，可采用探照灯、聚光灯或霓虹灯装饰等；道路两旁的园灯，要求照度均匀，常采用散射光源，必免光直射使行人目眩；景观道路交叉口或空间转折处宜设指示灯，利于在黑夜中起指示作用；在树木较多的树林处应增加灯光照明数量，以便消除夜晚人对黑暗的恐惧感。整个灯光照明布局需统一整体考虑，防止出现阴暗的角落或造成刺目的眩光。

1. 地灯

novo

小贴士：夜景照明灯的设计要点

步道灯：步道灯需注重功能性。步道庭园灯多以漫射光的形式出现，漫射光与直射光的区别是不会产生过多的阴影，灯光颜色变亮和变暗时都显得更加柔和。但漫射光形式的步道庭园灯需要解决的一个重要问题是发光体表面温度常过高。

草坪灯：首先注重设计概念的创新，其次要注重功能的人性化和多样性。草坪灯应做到功能多样，尽可能地做到功能照明和景观照明统一。

基金

北院
The Deck
DISCOVER
LOWER GROUN

ANTEPRIM
OPENING IN DEC 2010

4. 壁灯

5. 路灯

COMM
FRANK

BMW
精品超市
Sandwich of the Day

市东三
双井乐成店
中心B2层 电话：57813012
北京百得利

市
双
路乐成中心B

Arts & Heritage District
2009
National
Piano & Violin
Competition
5 - 13 December
Organized by
NATIONAL ARTS COUNCIL
SINGAPORE
A Creative & Connected Singapore

Jubilee line
Platform 13
Jubilee line
Platform 13

交通银行
JIANGNAN RESTAURANT
FOOD MARKET
北京华联超市 · 双井乐成店
COMMUNICATIONS

TEL 5869 0061 0062
日 语 法 语
印之泰数
印

BUS

ANDY
WARHOL
15 MINUTES ETERNAL
安迪華荷 十五分鐘的永恆
16.12.2012 – 31.3.2013

P
4/26 27
吉赛尔
Giselle
广州大剧院订票热线：4008-808-922 | 020-38392888 | 38392666
STROLLER PARKING

Breite Straße
18
NEUE PLÄTZE

COSTA COFFEE
DUE FORNI
云·水 餐厅酒吧
oshadai
明月堂餐厅

雕　塑

景观雕塑是一种艺术形式，在景观环境中起点缀空间的作用。它既可以单独存在，又可以与建筑物结合在一起，在景观中起表达主题、点缀、装饰、丰富空间环境的作用，同时有些雕塑也充当小型设施。

分类

1）按功能可分为纪念性雕塑、主体性雕塑、装饰性雕塑。纪念性雕塑大多设在纪念性园林绿地内和广场中；主题性雕塑多为按照某一主题来创造的雕塑；装饰性雕塑常与树、石、喷泉、水池、建筑物等相结合，借以丰富游览内容，供人观赏。

2）按形式可分为圆雕和浮雕。

3）按题材可分为抽象雕塑和具象雕塑。两种雕塑中又可分为人物、动物、植物等不同题材。

特点

1）雕塑与景观的界限越来越模糊。在现代雕塑与景观的共同发展过程中，二者相互的影响使它们之间的关系也发生了相应的变化。

2）雕塑所用的材料越来越丰富。可采用大理石、花岗岩、混凝土、金属等材料进行制作。近年还有应用钢筋混凝土塑造假山、建筑小品和小型设施等，如塑造仿树干的灯柱、仿木板的桥、仿假山石的假山等。

3）雕塑一般设置在景观主轴线上或风景透视线的范围内。

设计要点

1）雕塑可单独设置在园林广场上、花坛中、道路尽端、草坪中、建筑前等，也可结合水池、喷泉、山石、植物等设置。

2）雕塑的设置要与环境相协调，并要与行道保持适当的距离，提供合适的观赏角度。

3）雕塑的设计比例和尺度需适度，并应考虑朝向、色彩、环境背景等问题。

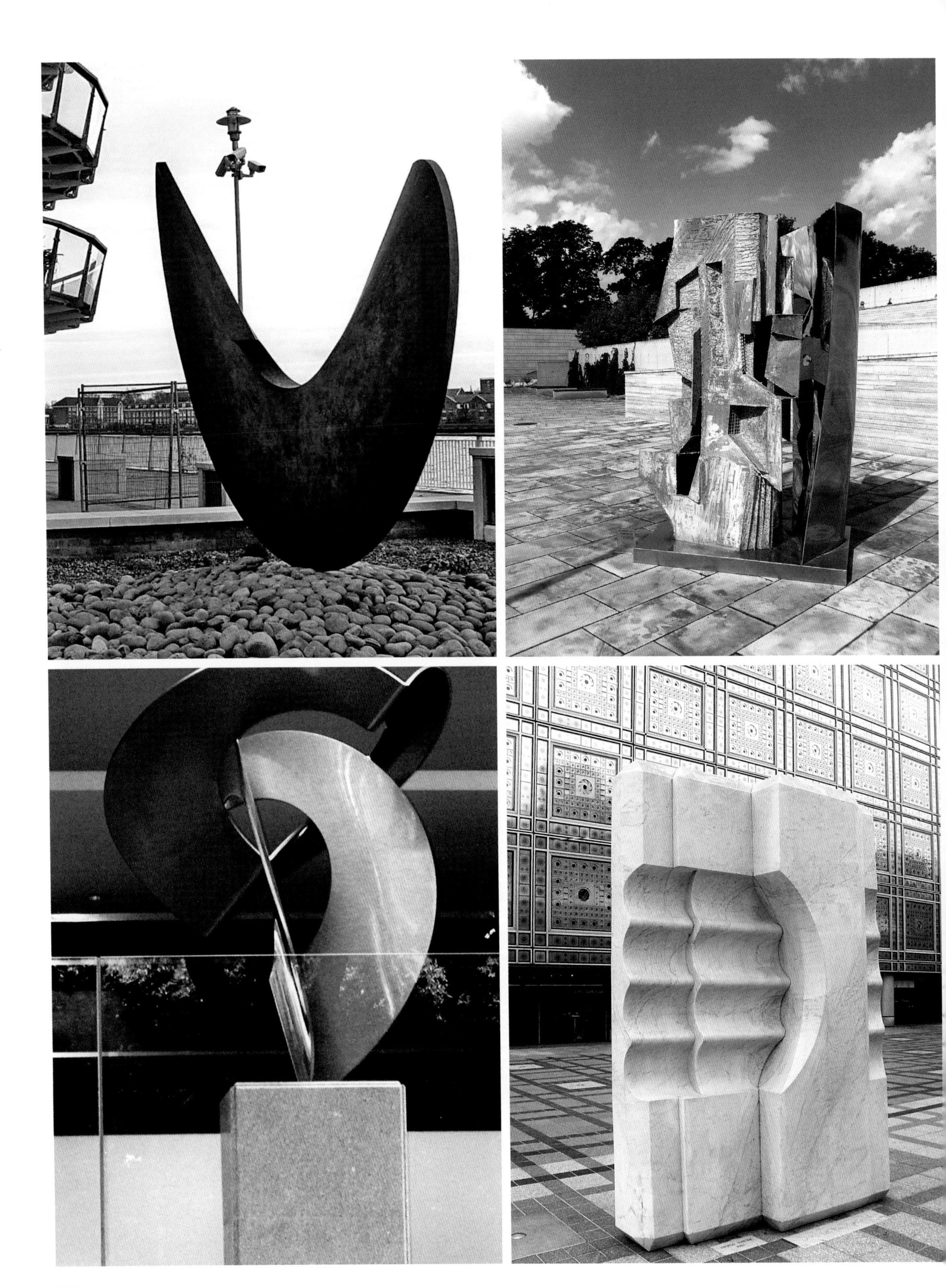

OMNIGENAE ET ARTIVM LIBERALIVM

村長

Grass
Arendt
Heine
Luther
Kant
Seghers
Hegel
Gebrüder Grimm
Marx
Böll
Schiller
Lessing
Hesse
Fontane
Mann
Brecht
Goethe

HENG L
HENG-LO
ERIE LAUNAY REPRO

HSBC
HSBC CENTRE
580
GEORGE
STREET

R&F CENTER
R&F

Café
AMIGO

勇于跨越

NFINITI

9
SOHO
Library
↑9
6↗
Tower
3→
Tower

SPR
COFFEE

CRÉDIT AGRICOL
D'ILE DE FRANC

更多精彩，尽在LG层...
More stores on LG

Civil Defence

GREE